犬しぐさ 犬ことば

著 雲がうまれる

ワニ・プラス

犬のことばが知りたくて

ツイッターに犬の絵を投稿するようになって、もうすぐ2年になります。

はじめの頃わたしは、犬のことなど何も知らなかったんです。まあ、今もです。ときどき、少しくらいはくわしいのかと勘違いされることもあるのですが、とんでも、とんでもです。まったくなんです。

それがなんで犬を描きはじめたかというと、かわいいからなわけですが。なにがかわいいって、そりゃもうしぐさがかわいいんです。

今ふりかえると、いちばん最初に興味を持ったのは「おすわり」でしたね。それまではドッグショーみたいな「おすわり」しかイメージになかったんです。ところがフタを開けてみれば、ちゃんとしてる子がぜんぜんいなかった。なんか、どこか変なんです。

言ってしまえば一口に「おすわり」なんですが、みんなそれぞれにリラックスできる体勢を工夫して、あみだしてたんです。もちろんおやつを待ってるときなどは、本気も出しますし。なのに、気持ちダダ漏れでお尻が浮いてたり。しぐさには、その子の性格やキャラクターが表れているんだと気づきました。みんな違うからこそ、よけいにかわいく感じるんです。

それからなんといっても、言ってることがかわいいんです。口のききようも、言いぶんも。

とはいっても、犬は人のことばを話しません。犬のことを解説している本にはよく「犬の言葉なんてわからないほうがいい」「かわいく見えてけっこうひどいことを言ってるかも」なんて書いてあったりします。なるほど。これには賛成で、犬だってまわりの人に変な呼び名をつけたり、悪態ついたりしてるんじゃないかしら。

「○○だわん」なんて話す犬がいるのは、たぶん誰かが犬のしぐさから気持ちを読みとって代弁してるんですよね。なのでどうしたって、誰かの思い込みやら理想やら願いみたいなものが盛り込まれてるはずなんです。そういうのを見ると、クスッと笑ってからふと、でも本当はなんて思ってるんだろうと想像するわけです。

これはあまり共感してもらえないかもですが、犬の気持ちなんて、たかがしれているように思うんです。「やったー」とか「わーい」とか「しょぼん」とか。あんまりややこしい気持ちはないような。

「ハッピー」と「じゃない」の2択みたいなのではないでしょうか。単純だからしっぽに出るし、すぐにリセットできるのかなって、感じてきました。

犬がもしことばを話せたら、気持ちをそのまま口に出しそうなイメージもあります。素直でおバカな、犬っぽいことばです。

でも案外、見栄をはったり遠慮をしたり、犬なりに気をつかってことばを選ぶかもしれない。そのほうが真に迫ってるようにも思えますし、けなげで愛おしく、ほほえましくありませんか?

ぼんやりと犬のしぐさを、眺めています。犬のことばが知りたくて、わたしは耳をかたむけます。

かみさまの ところ。

おそと いってたの？

あらわれたしー。

しゃぼんだまー、まってー！

おすわりは、柴犬の たしなみ？

つくし、ふみ、ふみ。

どっか コギちゃんの おしっぽ、おちてないですか。

ただの はしりや。よろしくぅ。

まだ ねかせてください。

[柴犬検定 - 1]

①〜⑥の名称を答えよ。

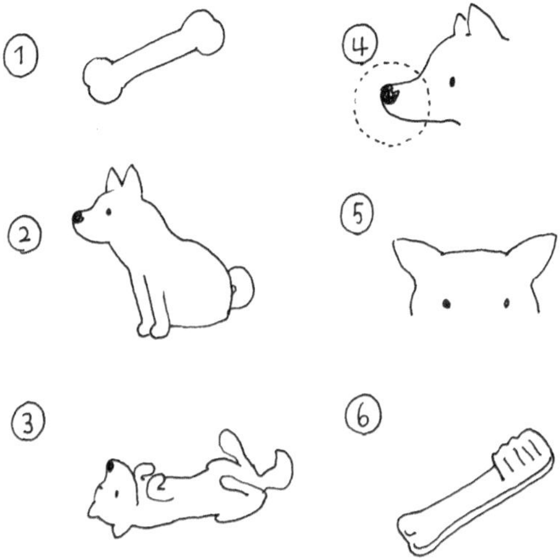

おばあわん、フレー フレー！

ますたー、あちらに ヤギミルクを。

おはなの ぷれぜんと。

リードって、おてて つなぐみたい。

チラ見＆二度見＆ガン見！

おはな キャッチ。

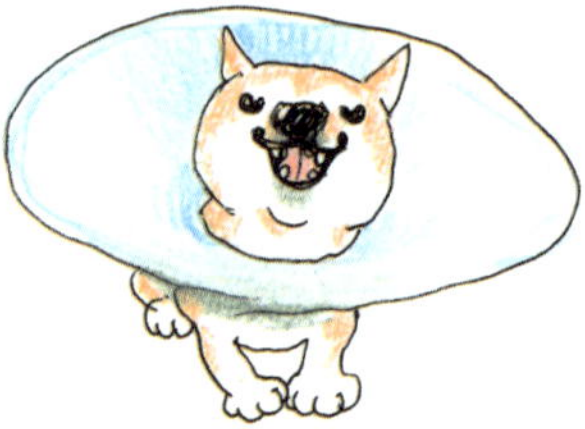

なんか なげてー！

ぽこ ぽこ ぽこ ぽこ ぽこ ぽこ ぽこ ぽこ ぽこ ぽこ ぽこ ぽこ。

えんがわコラム

犬と諸科学①
犬はうまれたときからボールが好きか

ボールってたのしいよね。ころころどっかいっちゃうし、せまいとこににげこむし、ポーンてなるしね。

ぼくたちいぬってなんでそんなに、ボールがすきなんだろうかね。にんげんが言うには、いぬにはしゅりょうほんのうがあるからだってさ。

ほらお散歩のとちゅうで、なにかのけはいだったりものおとだったりにからだじゅうがビビビってなっておみみがピンってなることあるでしょ。そんでついとびかかろうとかしちゃうでしょ。そんでそんで、たしなめられてわれにかえると、わりとあれはずかしいんだよね。

それ、それ、それだ！ そのなんだかわっかんないスイッチをいれたものこそが、まぎれもなくしゅりょうほんのう。

そ。いぬは ほんのうてきに うごくものに はんのうしちゃうわけだ。これって にんげんには かなり 知られたはなしでさ。どの子のパパも いぬとくらすより まえから、なんとなく そういうものだって りょうかいしてたってくらい。

だから 小っちゃいころに ボールもらった子も 多いはずだよ。

ところが、はじめてのものは なんでも おっかなびっくりなんだよね。ボールもしかり。

さいしょは パパやママが ころころさせて 「ボールって おもしろいんだよ」「こわくないんだよ」って あそんで見せてくれるの。でさ きみがやっと くんくん かおを近づけたらね、こんどは ちょっとだけ よそへころがすんだよね。きみは つかまえる。

あるときさ、ボールが とつぜん トリッキーなうごきすんの。じめんのでこぼこにひっかかったりして。きみったら 思いがけず、からだじゅうが ビビビってなって おみみが ピンってなる。しゅりょうほんのうが めざめる しゅんかんだよ。

もうここまできたら きみは、すっかりボールのとりこになっちゃってさ。パパからポーンてボールもらうと、いちもくさんにとびついてむちゅうであそぶのね。
こんにゃろこんにゃろって。
あぁボールって、なんてステキでたのしいんだろう。

でもじつはじつはなんだけどさ、ボールあそびのだいごみはここからなんだよね。
気づいたいぬはなんてゆっかほんと、犬生トクしてる。

ボールあそびのルーツは、にんげんとくらしはじめたころの狩りにあるらしいんだよ。今から1万年まえ、いぬはにんげんと狩りをしてくらしてたの。にんげんは矢をつかってとおくのえものをいとめてさ。それをいぬがひろいにいくの、やぶの中にわけいって。
えものはそのばでは食べなかったって。くわえてひきずってもってかえってきたんじゃないかな。もともといぬは森でくらしていたときから、えものをすみかにもってかえって食べていたから、こういうことができたんだってさ。
でもはこんできたえものをにんげんにわたすのは、ほんのうじゃぁできないよね。
それは、あたらしくにんげんといっしょに作ったルールだったんだよ。目のまえのえものと、べつのなにかをこうかんするルール。にんげんは狩りをてつだったいぬをうんとほめて、わけまえをくれたにちがいないね。

あるときき　みが　ボールをつかまえて　むちゅうで　あそんでると、パパが「もどっといで」って　言うんだよね。ちょっと　まってて、今　おおいそがしなのー。こんどは　パパ、おいでおいでって　手をふって　きみのなまえを　よぶの。しかたなくきみは　もどる。

でね、パパはさらに「ボール　かえして」って言うの。きみが　しぶってると「じゃあ　おやつと　こうかん」って　さそってくるの。これね　ボール　かえすとね、すっごい　ほめてくれて　ごほうびに　また「とてこーい」って　ボール　なげてくれるんだよ。

ここまで　マスターしたきみ、おめでとーう。パパも（もちろんママも）おめでとーう。パパと　いしんでんしん　できたみたいで、ほこらしくって　くすぐったいよね。これからパパは、なんども　なんども　ボールあそびに　さそってくると　思うよ。

むしろ　ほんのうてきに　ボールが　すきなのは、にんげんのほうかも　しれないね。

柴犬がLINEで草テロしてきた。

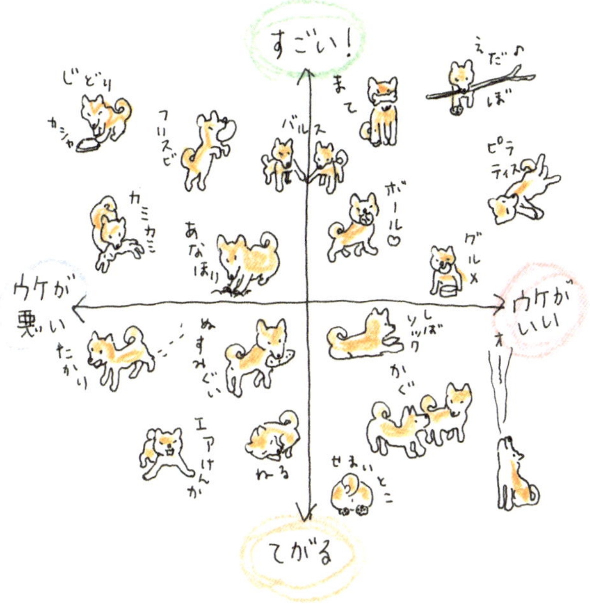
すごい！
てがる
ウケが悪い
ウケがいい
じどり
カシャ
フリスビ
バルス
まて
えだぼ♪
ピラティス
ボール♡
カミカミ
あなほり
グルメ
たかり
ぬすみぐい
かぐ
エアけんか
ねる
せまいとこ

めすに ウケる しゅみ。

じつは ふたご。

ねーーー、これ とってー！

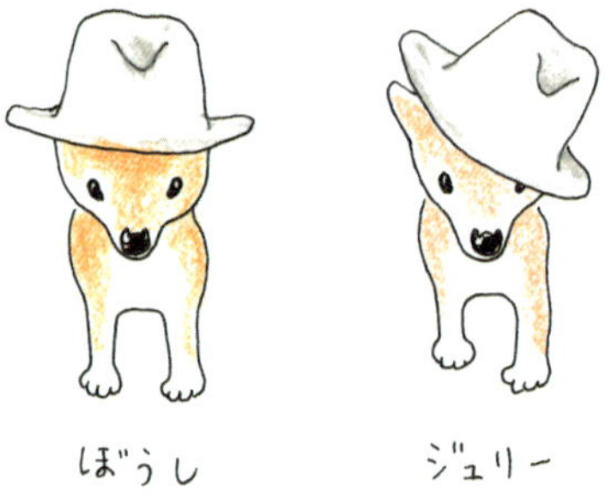

おぼし。

よぼうせしゅ〜。

おとさん、これ こいのぼりですか。

ねえ ねえ、もそっと つめて。

ぼ。（棒）

ねぇ そこ なにがあるの（0っ0）！

かわいい子には、あにを はせよ。

［柴犬検定 - 2］

もふる順に並べ替えなさい。

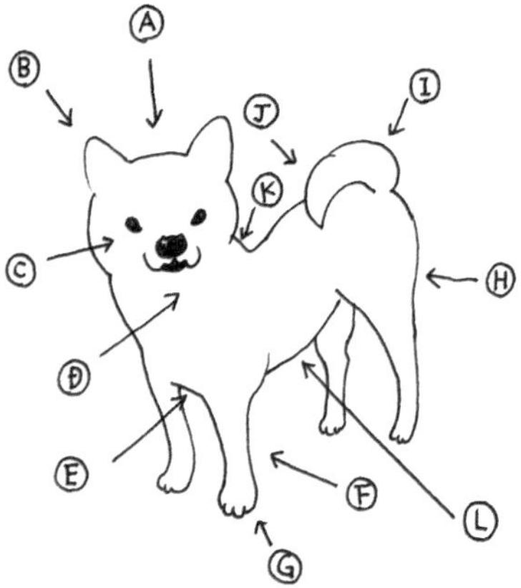

ちかれた。

きょうからは うちのこ。

あわだつ ふこうを おゆるしください。

されおつ！　いちはやくげっと。

えんがわコラム

犬と諸科学②
犬はてんびんにかけない

ねぇ きみ、いまのくらしに まんぞくしてる?

にんげんの子どもは、よく言うんだってさ。「ぼくも、太郎くんちの子どもが よかった」「ぼくも、おにいちゃんにうまれたかった」みたいなこと。
こんなこと言われた日にゃ、お父さんもお母さんも大ショックだろうね。じゅうぶんかわいがってそだてたはずなのに。きびしくしたのだって わが子を思ってのことなのにって。こういうとき お母さんは「そんな子に そだてたおぼえは ありません」って泣いちゃうかもしれないし、お父さんは思いあたることが少しあって はんせいをするかもしれないね。

ぼくたち まいにち よその子のおしりを 嗅いだりしてるけど、その子になってみたいなんてふうには、思わないよね。

そりゃ たまにさ、よその子が おやつもらってるのとか見ちゃったら、ほしがったりはするけども。だってそれは、目のまえに おやつがあるからでさ。かわいくおねだりしたら、もらえるかもって 思うじゃん。しぜんと しっぽも ふっちゃうってもんよ。

にんげんは イマジネーションが すっごいんだろうね。もしも 太郎くんちの子どもだったら、もしも おにいちゃんだったらって イメージしてるってことだもんね。そんで 夜中まで テレビを見たり マンガを まいつき 買ってもらえたり、プロレスで勝つとこなんか イメージしてるって ことなんだよね。

見たことも ないこと イメージするなんて、いぬには ちょっと ハードルたかいな。いぬが イメージすることなんて せいぜい、スズメを追っかけて キャッチするとこぐらいだよ。

ぼくら、ないものねだりは できないんだ。

あとね、にんげんってなにか食べておなかこわしてもまた食べるじゃない。「いたんでたのかな」「ちょうしのわるいときはだめだね」「もうしばらくはいいわ」って、言うんだよね。
いぬにはりかいできないよ。
にんげんはそうやって、またおなかこわしちゃうかもしれないじぶんと、こんどはだいじょうぶでほっぺたがおちちゃいそうなじぶんを、イメージの中でてんびんにかけるんだって。それでてんびんがだいじょうぶなほうにかたむいたら、また食べるらしいよ。

いぬは、いちど食べておなかこわしたものはもうにどとごめんだよね。たとえ食べてからおなかこわすまでに時間がたっていても、じぶんをくるしめてるのがさっき食べたあれだってちゃんとわかるよ。食べものといやな気もちをすぐイコールでむすんじゃうんだ。ちょっとおおげさかもだけど、いのちにかかわることですからね、われわれしんけんなんです。

にんげんはさ、たくさんあるのにちょっとしか食べなかったり食べたいけどがまんしたりもするよね。

あれはね 食べたじぶんと 食べなかったじぶんを、イメージの中で くらべてるんだって。とうぜん、食べたら おいしくって ハッピーなのね。これは いぬでも わかる。うん。でももし食べなかったら、夜のおさけが よけいに おいしくなったり、しゅうまつに ほそみのワンピースが着られたり、ほかのハッピーが あるんだってさ。

ま。いぬは おさけが のめないし、ほそみのワンピースも おことわりだもんねぇ。もらえるなら もらえるだけ、今 ほしいってのが 犬情だよね。

つかまいた！

ダークドッグス。

おしはらい ほねで。

おてて どけてよう。

さぶぅ。

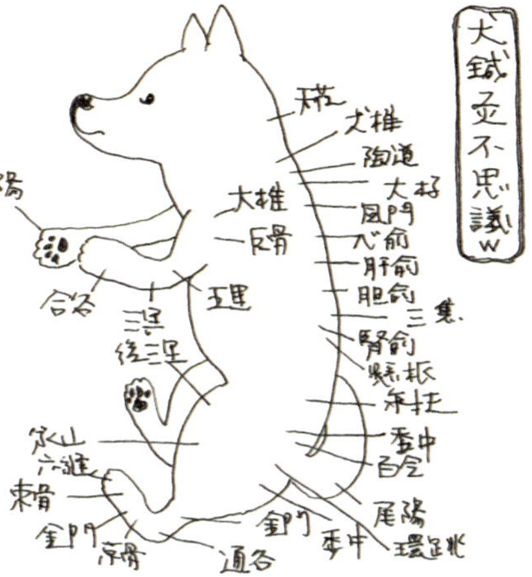

とうようのしんぴを、だいたいで描いてみた。

とおちゃん、よぞらって さむいんだね。

あれ？ くれないんだ。

こいつ かあちゃんを あやつるん!!

おくちに あいますかどうか。

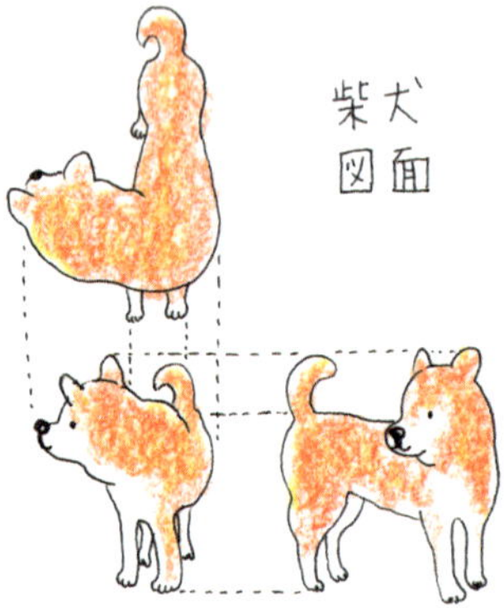

しばいぬ 三面図。

ぜんぶ あげるよ。

夏だ！

みみかきは ねこのもの。たぶん。

こたつのかみさまは、こたつの なかに いるの？

［柴犬検定 - 3］

こたつのかみさまは、
Ⓐ～Ⓓのうちどれ。

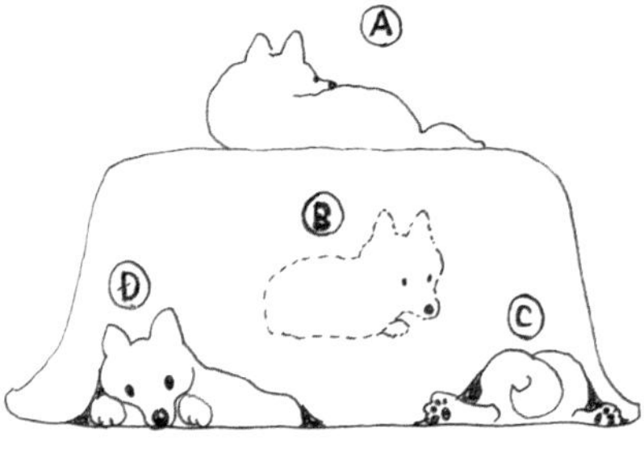

えんがわコラム

犬と諸科学③

人間はなぜくさいくさい言うか

ねぇ。しってる?

にんげんの きゅうかくは、ぼくたちいぬの きゅうかくの 1億分の1しかないんだって。1億分の1なんて ゆびが足らないけどまあ、ねこのひたいとか 東京ドームとか 太陽まで おうふくできる長さとか そういう都市伝説レベルってこと。

それなのに にんげんは、いぬのうんちのこと くさいくさいって言うの、ふしぎだと思わない? しんがいなんですけど!

べつに にんげんが 嗅ぐときに、鼻を いちおく倍近づけないと においがしないって意味ではないよ。それはそれで、想像するとちょっとたのしいけどね。においはにおいの元になるいろんな分子が空中にふゆうしててさ。それを鼻のおくのべちょべちょした〝においを感じるきかん〟でキャッチして、なんのにおいかわかるらしいよ。だからいぬでもにんげんでも、分子のふわふわしてるとこでクンクンしないと意味ないんだよきっと。
ところでいぬの鼻がべちょべちょしてるのって〝においを感じるきかん〟がべちょべちょしてるっていうのと、ちゃんと関係があるらしいよ。むだにべちょべちょしてるんじゃなくって、よかったよねぇ。はなたかだかでしょ。

いぬはなんであちこちクンクンするのか、にんげんはふしぎに思うらしいね。いぬのことをかいせつした本にも、いぬはにおいで「そらくんさっき通ったのか」「あぁはなちゃんは夏バテ中」とかぜーんぶわかっちゃうなんてかいてあるんだよ。いずれにしてもにんげんからは、ほほえましくもくだらないと思われてるよ。もともといぬの祖先が森でくらしていたときには、もっとじゅうだいなことを嗅いでいたはずだからよけいにね。
森におっこちてたうんちは、いろんなことおしえてくれただろうね。
「だれかのなわばりに入っちゃったかな」「近くにまだ大っきくてつよいのがい

るぞ」「ここらへんは食べものがたっぷりあるみたい」「ぴちぴちのじょしはっけん」「あ！　おにくだ」いえ、しょうどうぶつのうんちです。きっとまだそのへんをうろうろしてるね。

にんげんのきゅうかくは、ちょっとちがうっぽいね。とりあえず、うんちからはうんちのにおいしか感じられないんだって。いぬみたいにうんちの中のいろんなにおいをべつべつに感じることはできないんだよ。

もともとにんげんは食べものがくさってないかかくにんするために嗅いでんだって。ねんのため言っておくけど、おなかこわすんだよ。だから、すっぱいにおいとかふはいしゅうの分子にはとくにびんかんで、そういうのはちゃんとそうごうてきにいやなにおいって感じるようになってきたのね。のうみそが。

とにかくにんげんは、1億分の1だってのに、けっこうじゅうぶんだと思ってるらしいよ。

いぬはというとうんちのとこクンクンするし、そんなにいやなにおいだとは、感じてないいんだよね？　どう？

でさ。いぬってじぶんのうんち食べちゃう子がいるよね。こいぬのころはあるあるだけど、中にはこいぬのころのくせがいまだに抜けない子もいるし。いぬはくさったものとかではおなかこわさないし、これは森の中じゃくさったおにくもきちょうな食べものだったからだよね。うんちは食べてもおなか大丈夫でなによりだけど、なんでへいきかね。

どっちもげんだいっ子にはちょっと心配でさ、にんげんはとっても気にするんだからほどほどにだよ。ちなみにだけどにんげんのぶんせきでは、いぬがうんちを食べる理由って「なぜならそこにうんちがあったから」とかせつめいされてるよ。でもこれじゃぁあまりにもバカっぽいから、いぬのめいよのためにもはやく研究、すすんでほしいよね。

まぁね、せいとうな理由があってもおゆるしは出ないと思うけど。

ずいぶんおおげさだって思うだろうけど、にんげんがくさいくさいって言うのはそういうことなんだよ。

しんくろないずど しば。

だっこ むふーん。

マフラー編んどるって。

けいろの ちがう犬に はさまれて、オセロな きぶん。

ねこも ほんき。

ぼくの くつした、かしてあげるね。

カリカリ、おはなに つきません？

とつげき となりの わんごはん。

あめ ふってるの。

もふれし ラインスタンプ風！だよ。

甲斐犬の カレシって、いいわー。

しばいぬの テーブルマナー。

うしろで なんか 音した！

ひなたー、にげちゃってますよー。

よみこむ？

きょうも、すとーぶの おとうばんさん。

えんがわコラム

犬と諸科学④

犬のながめている世界

ぼくね。にんげんは だいじなものが 見えてないように 思うんだよね。

にんげんの目って いぬの目とは、ぜんぜんちがう見えかたしてるらしいよ。そいで、感覚の8割を しかくが うけもってるんだって。いぬがクンクンして あつめてるような情報を、にんげんは ほとんど目で見て あつめてるのかもしれないね。にんげんの 変なこうどうを りかいしたいなら、どんなふうに見えてるのか知ることは とっても じゅうようだと思うよ。

あのさ「くらくなる前に おさんぽ行こう」って さそわれたことない？「もうくらくなるから帰ろ」とか。にんげんて、くらいのに がてみたい。あれさ、くらくなると まわりがとっても見えにくくなるかららしいよ。くらいと、キケンに気づけ

なかったり おばけ的なことがあったりするもんで、できれば明るいうちにって思うらしいんだよね。

いぬは にんげんとくらべて、すくない光でも見えるって いうんだよね。それって、どういうことなんだろう。

ある にんげんは こどものころ、ふしぎな たいけんを したんだよ。こどもミュージカルを見に町のホールに行ったとき、えんもくの合間にまくを半分までおろして いったんまっくらになったのね。ぶたいの中は足おとが バタバタさわがしくって、でも目をこらしても まっくらすぎて なんにも見えなかったの。それがさ。たいくつだなぁ……て ふと天井を見あげたとき、見えたんだって。くらやみに ぼんやり白っぽくうきあがる、ぶたいセットとか こどもの足も おとなの足も。バタバタバタバタバタ。そのとき はじめて知ったんだってさ。目をそらすとくらやみが見えるって。

にんげんの目は まんなかと はしっこで、見えかたがちがうんだって。まんなかには「色を感じるさいぼ」が いっぱいあって、明るいせかいを見ているの。ひるまの明るいひかりの中でたくさんの色を感じるために、きっとどんどん増えてあつまったんだよね。はしっこはそれが少ないかわりに、「明るさを感じるさいぼ」が多めにあるって。

ふたつの「さいぼ」は、小さな目の中だからぎゅうぎゅうに並んでるんだよ。しんかのかていでまんなかに「色を感じるさいぼ」が増えたとき、「明るさを感じるさいぼ」はスペースをゆずったんだね。

それからさ。ぼくたち、どうたいしりょくがじまんだよね。

いぬのしかくは、いつもなんメーターか先をぼんやりながめているような、ニュートラルな感じ。そのせいでピンぼけでさ、にんげんからはいぬの目はわるいって言われてきたんだよね。たしかに、てまえのものやきょうみのあるところにすばやくピントを合わせるにんげんの目とくらべると、ふべんなのかもしれない。

っていちどは思ったんだけど。にんげんでもいぬのような目のつかいかたをするひとがいるらしいとはんめい！　それは、かくとうぎのひとなんだって。いってんにフォーカスして集中しちゃうんじゃなくって、ぜんたいを見るの。そうすることでさ、ひざ蹴りっとか頭突きっとか、どこから来るかわからないこうげきのはじめのしゅんかんを見のがさないんだって。

そう。そうなのよ。わかってらっしゃる！

それにさ　にんげんの目はしょうめんに向いてるけど、いぬの目はにんげんよりそとに向いてくっついてるもんね。でほらそのおかげで、かなりうしろのほうまで見えてんの。いぬのしかくは、狩りをするにはもってこいのうってつけだって言えそうだよ。

夕方散歩のとちゅうで、ステキなうごめくものを見つけてさ「ママ、あれ」「見て見て」って。こっちはいっしょうけんめいなのに、ぜんぜんわかってくれないの。

ちょっとがっかりしちゃうけど、おおめに見てあげようっか。

コップのフチ子さんの次、カゴのフチ子わん 出ぇへんかなぁ〜。

まかしといて。バイリンがう やねん。

だーれーかー、あーけーたーげーてーぇー。

[柴犬検定 - 4]

（ア）（イ）（ウ）（エ）（オ）を、
おいしいほうから順に並べよ。

(ア)  はみがきガム

(イ)  おさかなおやつ

(ウ)  ブロッコリー

(エ)  おくすりクッキー

(オ)  カミカミ おやつ

すばやい うごき。

ぼくだけ ちっくん されたの。

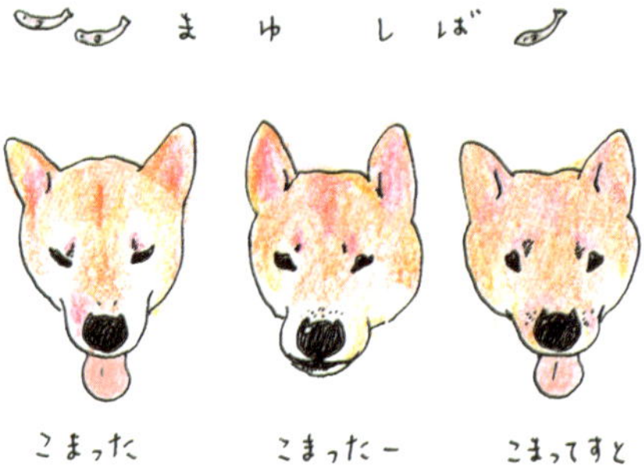

復習しよう。まゆしば 三段活用。
はい ここ、中間に出ますよ！

ねこちゃんも、おしっぽ ふってみ!

そっち、いやー。

ボケとツッコミ。

すーぱーぼーるー。

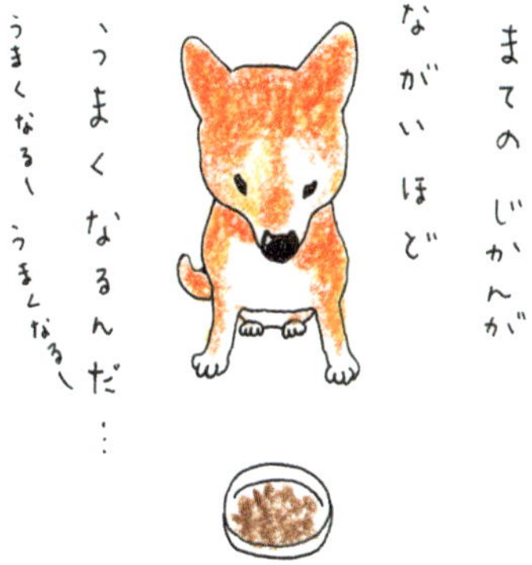
までの じかんが
ながいほど
、うまくなるんだ…
うまくなる〜 うまくなる〜

までなの。

うけるぅ。

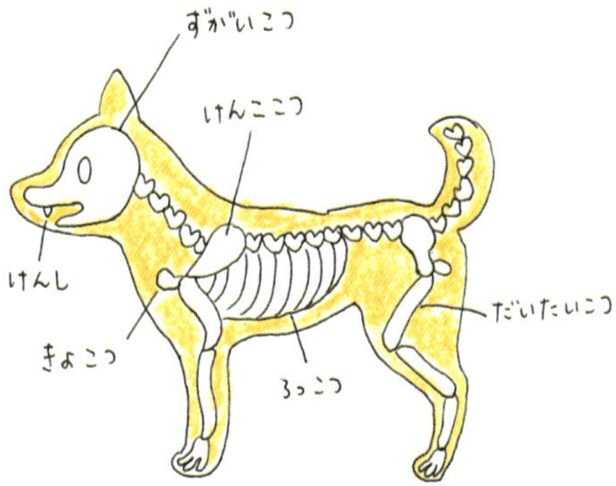

こっかく。

まじでかー。

膝に 鼻をさしこむ。

えんがわコラム

犬と諸科学⑤

きみがきみであること

ねぇ、きみはいつからきみになったの？

にんげんが言うにはさ、ぼくはせかいにぼくひとりなんだって。
にんげんはうまれてくるだけで何千億分の1の奇跡だなんて言われるらしいけど。
じゃあいぬは、なんぶんのいちの奇跡なんだろう。

たとえばさきみ、ごきんじょにいぬのおともだちなんにんいる？ ドッグランまでお出かけしたら、もっとたくさんいるよねぇ。せかいには4億ものいぬがいるんだって。だからもしかしたらきみは、よんおくぶんのいちの確率のきみなのかもしれないよ。

それに いぬのはるかな祖先は、４０００万年前の イタチにちょっと似たミアキスってどうぶつだってさ。きみが 長いながーい いぬのれきしのなかで、今にうまれてきたことは よんせんまんねんぶんの今の奇跡だねぇ。

でさ、ちきゅうじょうに いぬが生活することができるばしょの めんせきは、1億3千万㎢ あるっていうの。そしたら、きみが タタミのうえで ねころんでるのは、いちおくさんぜんまんへいほうきろめーとるぶんのタタミいちじょうの奇跡なのかもね?

う。わ。すでにすっごい すうじ。あぁもう ぼく、ぼくぶんのぼくで いいや。だってさ「いぬ思う ゆえに いぬあり」でしょ。

ところでさ、お母さんのこと おぼえてる?
今いっしょにいる にんげんのママじゃなくって、おちちをくれた いぬのお母さんのこと。みんなに ひとりずつ ぜったい いるんだよ。だって いぬはね、お母さんからうまれてくるんだもん。

いぬは、お母さんの おなかの中で 60日間いっしょに すごすよ。うまれてからは おちちを もらって、みじかい時間だけど お母さんのそばで きょうだいたちと すごすの。じゃれかたとか ころびかたとか、いろんなことを おそわりながらね。

日本のいぬは むかしっから、安産て たいこばんを押してもらってるんだ。だから お産のおまもりにも なってるんだよ。ちょうクールだよね。
でもねぇ、お母さんが とっても たいへんなのは、いぬも ほかのどうぶつと いっしょなんだよ。お母さんになると 思いどおりあそべなくなっちゃうし。げーげーしたり、おなかが いたいときも あるんだよ。

いぬのあかちゃんは うまれてすぐ はいはいするよ。うまれてすぐ お母さんの おちちに かぶりつく子も いるんだもんね。くびもすわらないで うまれてくる にんげんの あかちゃんとは 大ちがいなの。たくましいんだよねー。
でもさ うえにはうえがいて、たとえば シカのあかちゃんは、うまれてすぐに プルプルしながら 立っちゃうんだって!

にんげんや 大っきいどうぶつのあかちゃんは ひとりでうまれてくることが多いけど、

いぬのあかちゃんは、きょうだいでうまれてくるんだよね。さかなやむしは、うんとたくさんでうまれてくるよ。よわくて小っちゃい いきものほど 小っちゃいあかちゃんをたくさんうむことが多いらしいんだ。
いぬはね、逆なのね。大っきいいぬのほうが、きょうだいをたくさんうむことが多くって。小っちゃいいぬは少なめなんだよ。そいで小ちゃいいぬのほうが お産がとーってもたいへんなのね。これはさ いぬがちょっとだけ、しぜんのほうそくよりがんばってるってことなのかもね。

お母さんはおちちをずっとあげてると、えいようが追っつかなくて、やせちゃうんだよ。食べても食べても、あかちゃんのパワーのほうがすごくってやせちゃうの。お母さんはきっとじぶんのぶんの えいようまで、あかちゃんにあげちゃうんだ。なんかいもなんかいもあかちゃんをうんだ お母さんは、歯がぼろぼろになっちゃうこともあるんだって。

ね。いぬはお母さんからうまれてくるの。きみもきみのお母さんも、そのまたお母さんもうんとお母さんも、おんなじようにして お母さんからうまれてきたんだよ。

ねこちゃんの おすな キラキラ！

コンプリート！！

はなげ。

あったら あったで かわいいよ。

ちかごろの しばいぬ。

かべ。

ぼくの めがね しらない？

やあ。（おしっぽぶんぶんの いぬ）
やあ。（バルーンの いぬ）

[柴犬検定 - 5]

実技の問題です。
試験官の指示に従い、
実技試験を受けてください。

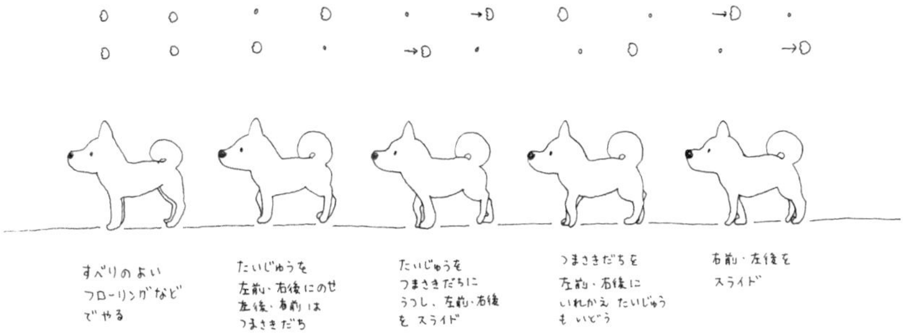

すべりのよい
フローリングなど
でやる
たいじゅうを
左前・右後にのせ
左後・右前は
つまさきだち
たいじゅうを
つまさきだちに
うつし、左前・右後
を スライド
つまさきだちを
左前・右後に
いれかえ たいじゅう
も いどう
右前・左後を
スライド

椅子の下に柴犬がもぐりこむと、一瞬ケンタウルスに見える。

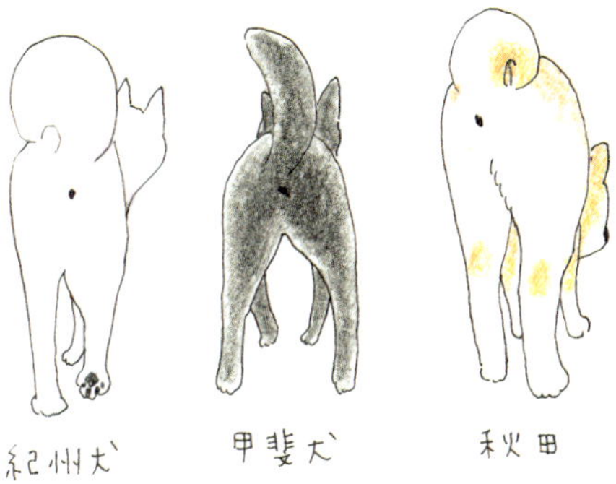

みなわん おみしりおきを！

あめふって きたにゃ。

しばもじ。
しばいぬの「ば」。

はだかんぼぅが いいー。

おともだち できた？

「あえなくなるの？」
「ううん。あたし うまれかわるだけよ」

おてて ほめられた。

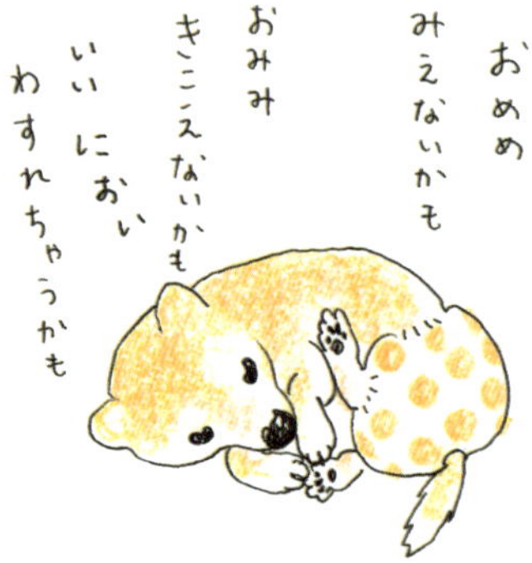
おめめ
みえないかも
おみみ
きこえないかも
いい におい
わすれちゃうかも

おばあわん、かわいいよ。

犬のふり見て我がふり直せ

石黒謙吾（著述家・編集者）

「はらっぱのにおいするにゃ」本書5ページにあるその絵をツイッターで見た瞬間、撃ち抜かれた。このやりとり、たまらない！　そして、うちの犬と猫にそっくり！　と。

我が家には、10歳を迎える豆柴の「センパイ」がいる。先輩というからには後輩がいるのかとよく問われるが、いる。猫だけど。名前も当然「コウハイ」ときて5歳。犬が姉で弟が猫、併せてセンコウ姉弟。5年間、このふたりはよく話をしている。といっても言葉ではなく、目と目で、ヒゲとヒゲで、もしかしたら、人間には聞こえない超音波サインと超音波サインで、あるいは、匂いと匂いで、かもしれない。

実際に散歩から帰ってきた時、「はらっぱの～」の絵のような光景がくり広げられる。コウハイがいそいそと玄関に出てくると、ワガハイに脚を拭かれて固まっているセンパイにすり寄りくんくん。その様子を見ているオクハイ（奥さん）がよく、「どうコウちゃん、センねえたん、どんな匂いする？　誰かと会ってきたのかなあ〜？」とか話しかけている。

僕は物心ついた時からずっと犬と暮らしてきて、途中からは猫も加わった。そんなことからか、動物がコミュニケーションをとる姿に弱い。初めて冒頭のツイートを見た2014年12月4日、ツイートを遡っていくつか絵を見ると、すぐに「本を作りませんか？」とアポを取った。なぜぐっと摑まれたのか、あとあと考えてみてわかった。雲うまさんは、おそらくテーマ設定など計算せず自然に、「言葉の通じない相手にしぐさで伝える」という動物好きの奥深くに刺さるツボを表現しているからだ。

昔から、犬や猫に関することわざがあった。人間の言語を携えない彼等を人の心や事象に見立てて表す。粋な言語文化であることわざも犬も好きな僕は、以前、雑誌で「犬声人語」という連載をやっていた。これは、犬が出てこない普通のことわざを、犬という言葉を含めたものに改造し、シュールな意味を強引に成立させ、その無理っぽさを愛でる企画だった。ここでまた新作を考えてみよう。

●犬も木から落ちる（そもそも登れないのだから落ちようがない。つまり、荒唐無稽なこと）。●犬の垢を煎じて飲む（これも同じ意味。垢は出ないと思う）。

●四面楚犬（周りじゅう犬でウレシイ）。●鬼の目にも犬（怖い鬼ですら犬を見るとやさしくなる）。●井の中の犬　大海を知らず（近所の池や小川で得意げに犬かきしていた犬を初めて海に連れていったらビビって入れなかった件）。●紅一犬（ドッグランでたくさんの雄犬に囲まれた雌犬）。●寝耳に犬（早く起きろと耳を舐められる朝）。●奥歯に犬が挟まる（かわいさ余って愛犬を噛んでいたら奥歯に毛が挟まったようす）。●七転び八犬（南総里見八犬伝の筋書き）。●蛙の子は犬（生物学会用語で突然変異種のことをこう呼ぶ）。●犬とすっぽん（それほど遠くない関係）。●帯に短し犬に長し（買ってきた帯が短か過ぎてしかたなくリードにしようとしたが長すぎて断念）。●漁夫の犬（港町にいる犬のこと）。●身から出た犬（犬の出産シーンを見ていて思わず出た格言）。●瓢箪から犬（ハリウッドの最新ＣＧ技術によって実現）。●天上天下唯我独犬（家の中でふんぞりかえっているヤツ）。●立てば芍薬　座れば牡丹　歩く姿は犬（美人なのかどうか表現しにくいときに使う）。●遠くの親戚より近くの犬（説明不要）。●犬はかすがい（同じくそのまんま）。

うん。やはり、「行為＝しぐさ＋伝達＝ことば」のタッグは強力だ。想像をかきたて、楽しい気分にさせてくれる。そして、この本で、心がかゆくなるようなかわいい犬のふり見て我がふり直しつつ、「笑う門には犬来たる」とならんことを。

みんな だいすきよ！

おしまいに

この本を作ってくださったみなさん、ありがとうございます。たくさんの人に「雲がうまれる」の絵を見てもらえるのが、とても嬉しいです。そして、この本を手にとってくださった方も、どうもありがとうございます。誰かに笑ってもらえたなら、すごくいい気分です。

犬は自分の行動を〝忘れながら〟生きてるんだそうですね。そして関わった人やものと「ハッピー」とを、イコールで結びながら過ごしています。「パパママ＝ハッピー」「ボール＝ハッピー」「原っぱ＝ハッピー」！

いまいる犬も、これから生まれてくる犬も、みんなみんな「ハッピー」をたくさんもらえますように。

Profile

雲がうまれる

柴犬を中心に、犬の（ときに猫も一緒に）イラストとコピーをツイッターで投稿し続ける。犬好きのツボをつく、かわいさとせつなさが同居した作品が人気。2014年秋、かみさまと犬がやりとりしている作品を糸井重里氏がリツイートしてフォロワーが激増。その後「ほぼ日刊イトイ新聞」の、保護犬応援グッズのイラストに採用され、ライブドローイングのイベントも行う。あるある的な表情やしぐさとユーモラスなことばに、ほっこりしたり、うるっときたり。日々生み出す「はなちろ」「おばあわん」「もふれし」「柴充」「草テロ」「柴検」など、いやし系の造語も好評。

ツイッター「雲がうまれる」 @KatteniCampaign

STAFF
絵・文……雲がうまれる
プロデュース・編集……石黒謙吾
デザイン……川名潤（prigraphics）
制作……ブルー・オレンジ・スタジアム

犬しぐさ犬ことば

2015年9月25日　初版発行

著　者　雲がうまれる
発行者　佐藤俊彦
発行所　株式会社ワニ・プラス
〒150-8482 東京都渋谷区恵比寿4-4-9 えびす大黑ビル7F
電話　03-5449-2171（編集）
発売元　株式会社ワニブックス
〒150-8482 東京都渋谷区恵比寿4-4-9 えびす大黑ビル
電話　03-5449-2711（代表）

印刷・製本所　中央精版印刷株式会社

ISBN978-4-8470-9382-1